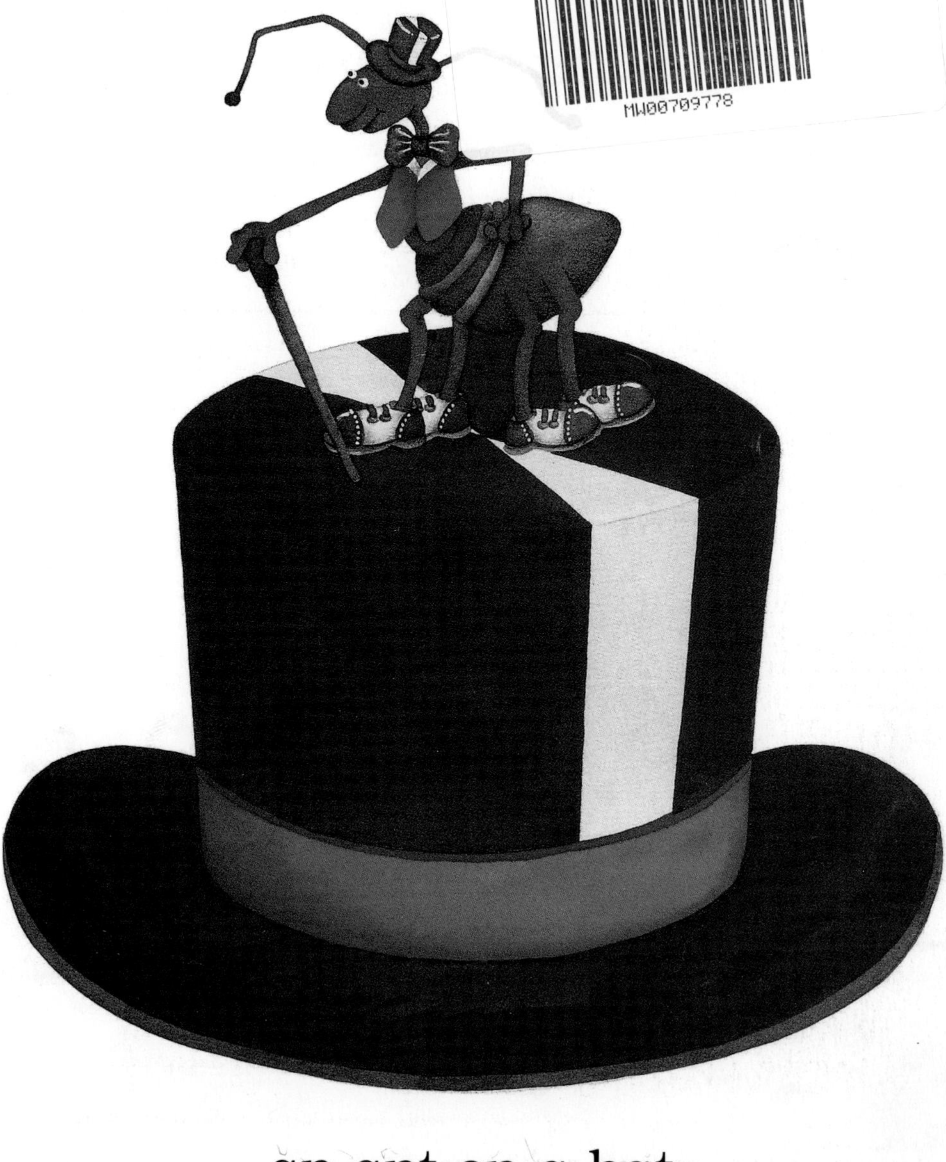

an ant on a hat

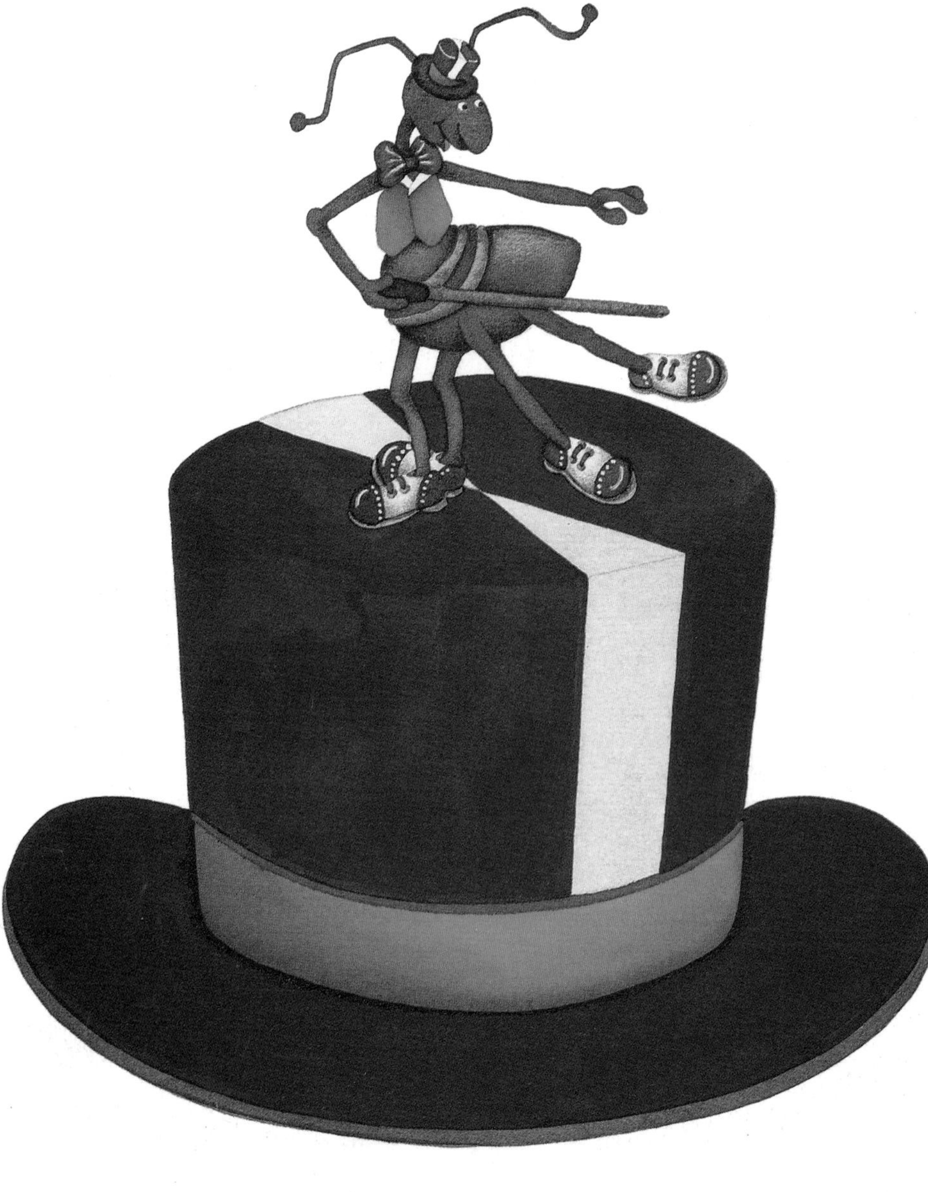

tap, tap, tap

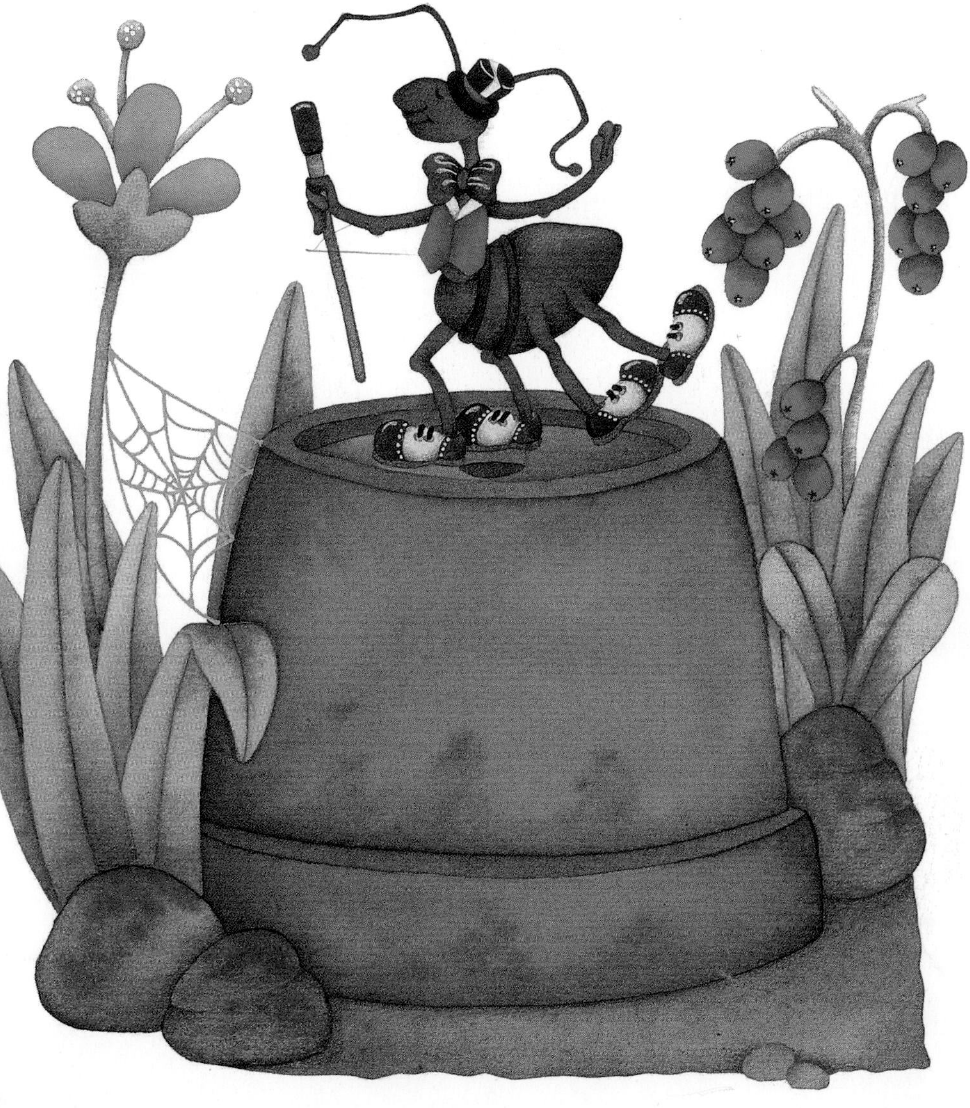

an ant on a pot

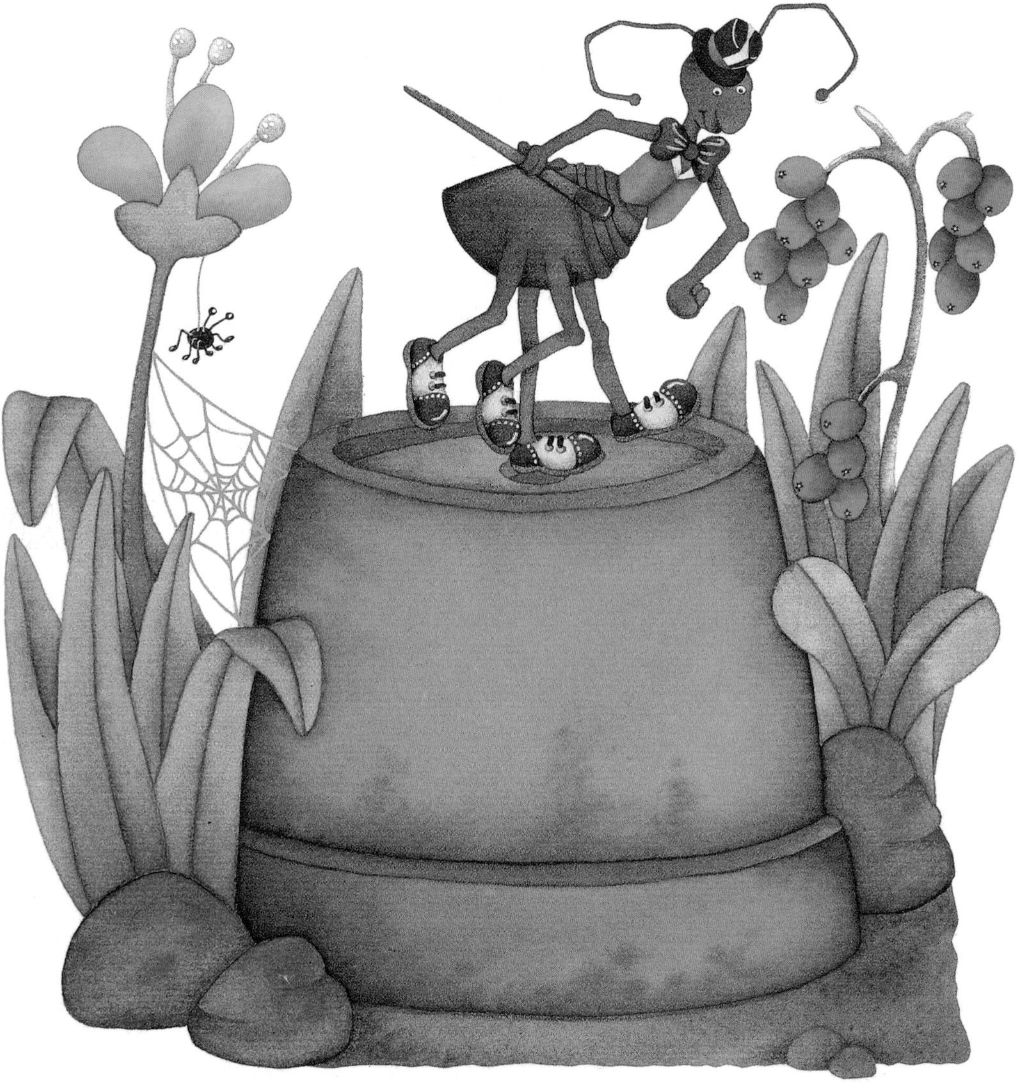

tap, tap, tap

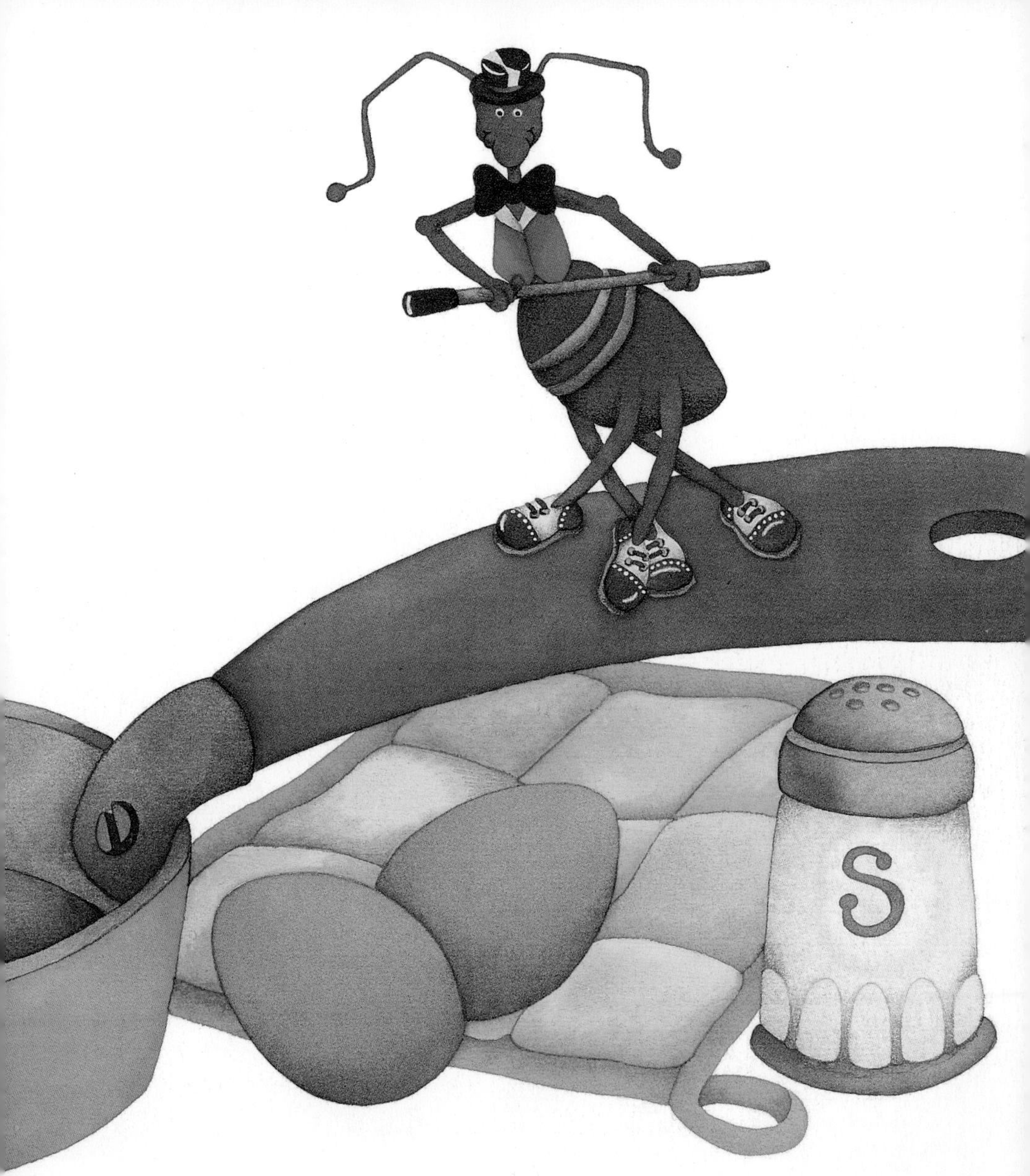

an ant on a pan

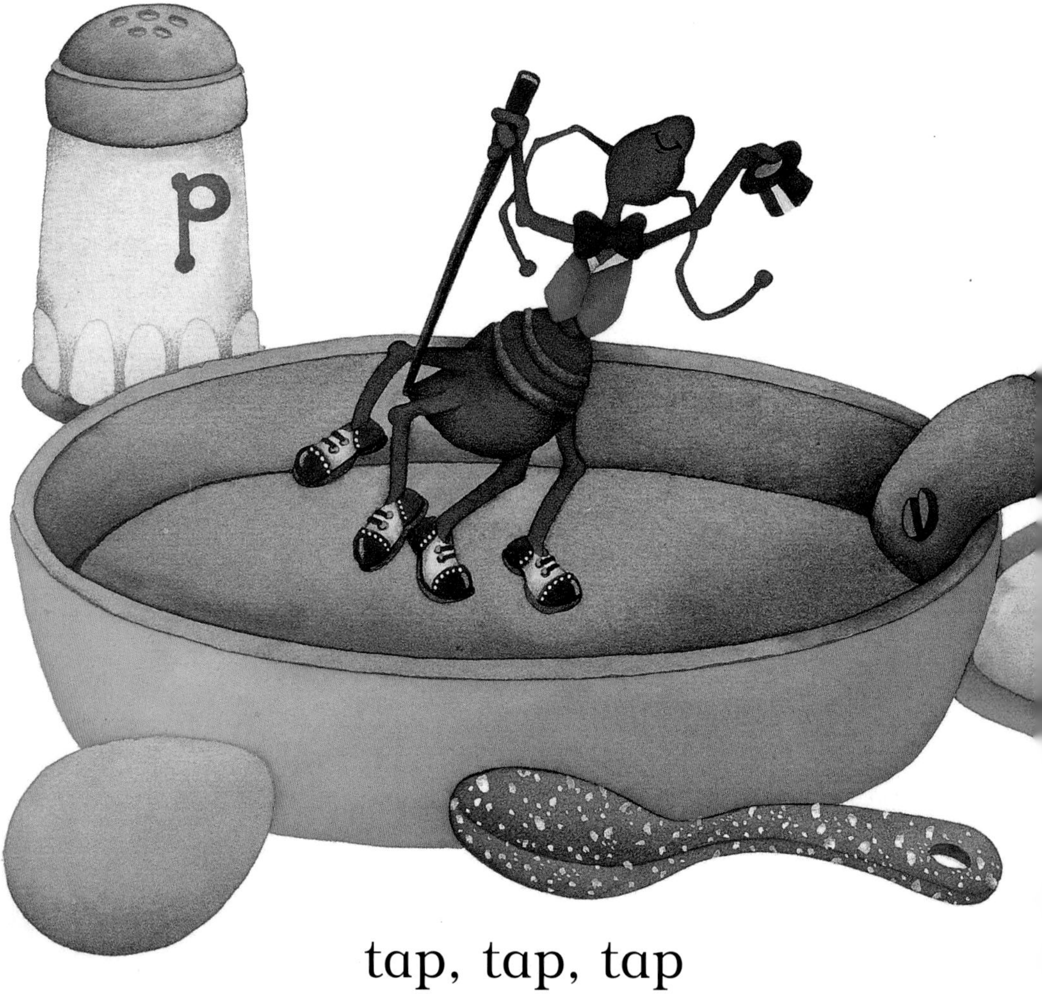

tap, tap, tap

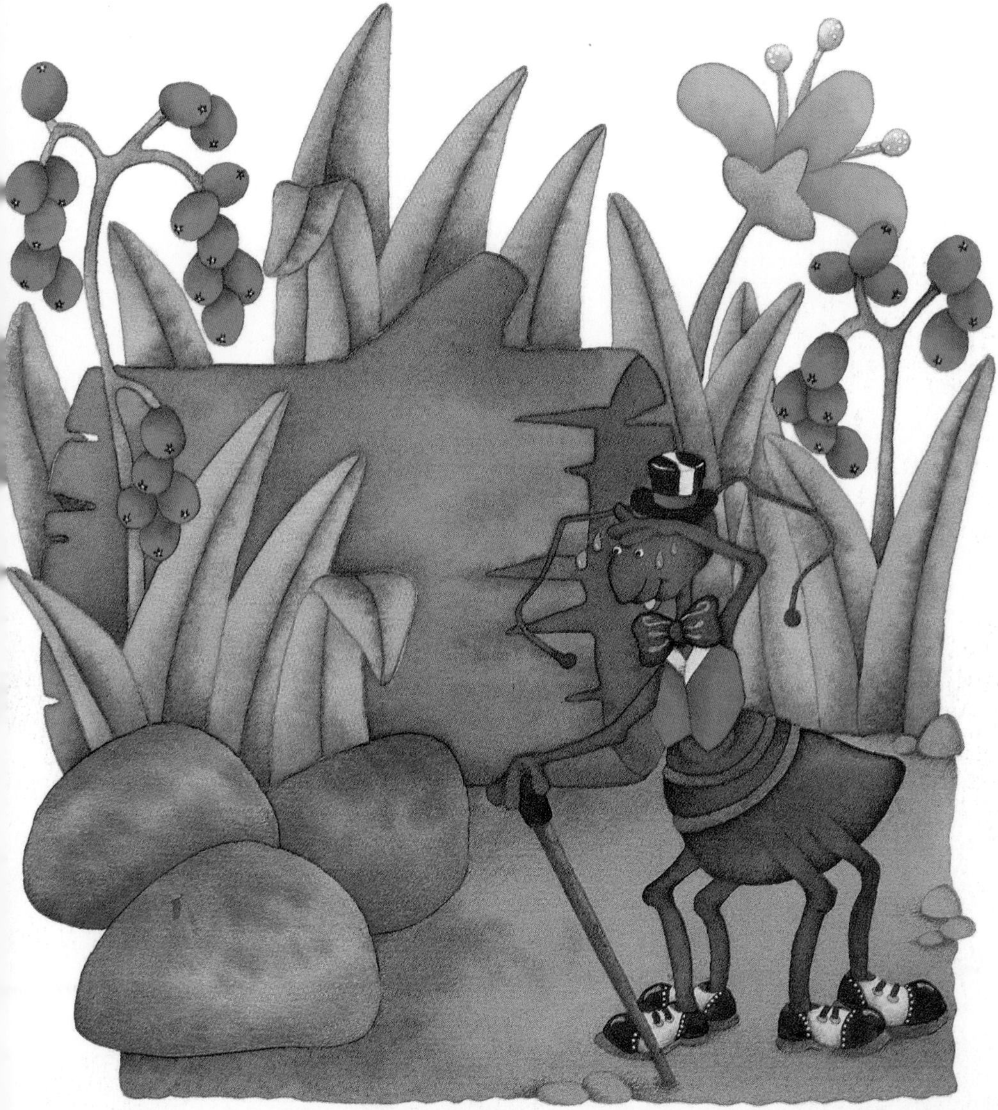

an ant **not** on a log

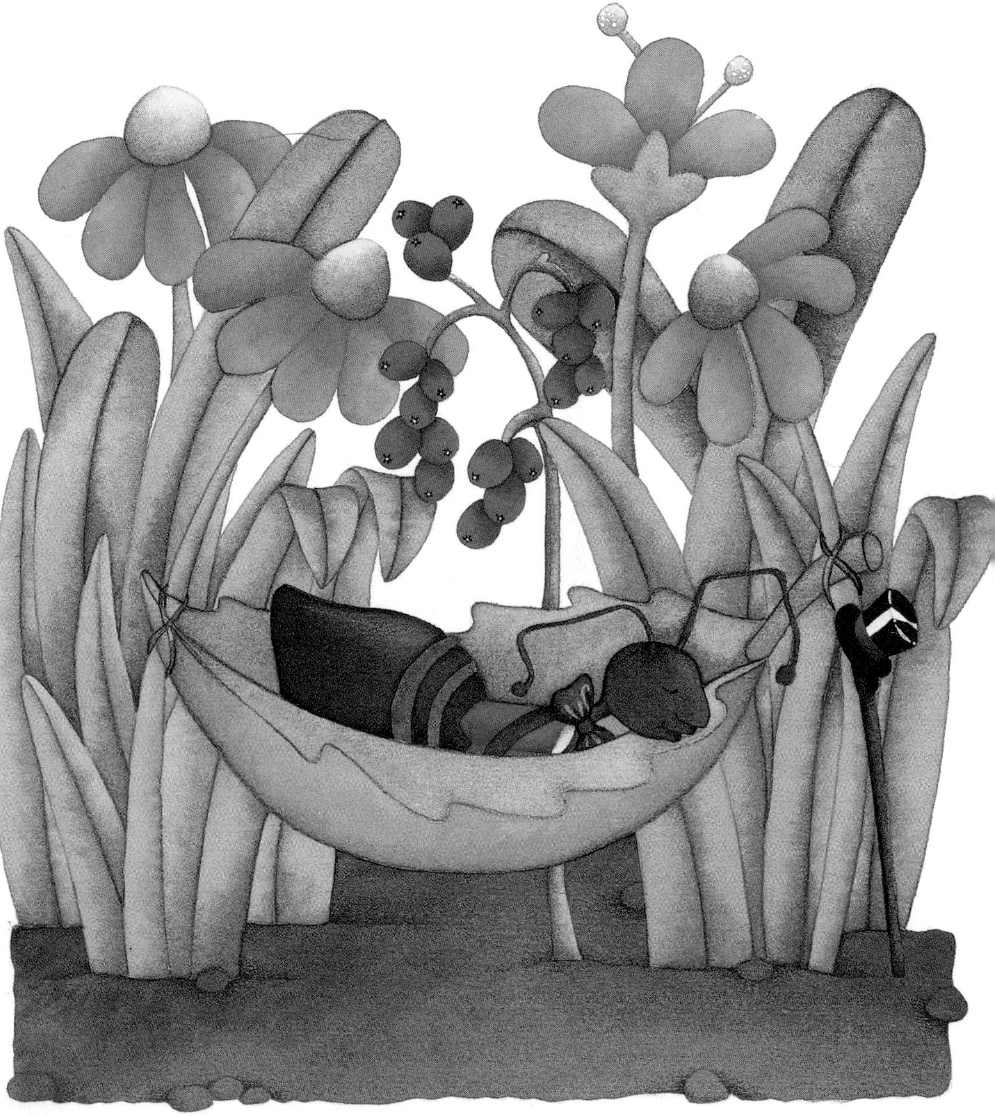

nap, nap, nap